升级版 5

这就是物理

ELECTRICITY 电

米莱童书 著·绘

北京理工大学出版社
BEIJING INSTITUTE OF TECHNOLOGY PRESS

推荐序

　　每个孩子从出生起，就对世界充满了好奇，如果想要了解世界，物理学就不可或缺。物理学是我们认识世界的桥梁，它揭示了事物发生和发展的客观规律，更是许多科学的基础。但是物理的概念繁多，知识点之间的关联性很强，对于刚接触物理的孩子来说，有些复杂难懂。

　　如何将复杂的物理知识，生动有趣地展现给孩子，就显得十分重要了。《这就是物理·升级版》就是专为孩子们打造的物理学科启蒙图书，以趣味漫画的形式将严肃的科学原理与生活中的有趣现象联系起来。比如：声音是怎么产生的？冰箱、电视等电器的电是怎么来的？为什么洒在地上的水过一会儿就不见了？为什么下雨后会有彩虹？为什么汽车车轮胎有花纹是为了增加摩擦，而汽车车轮轴又要加润滑油以减小摩擦……

　　不仅如此，在这里，还有物质、能量、声、光、电、磁、力，这些物理概念化身成一个个活泼可爱的主人公，为我们一点点展现奇妙的物理世界。大到宇宙天体、小到基本粒子，从日常生活到前沿科技，这套书将严肃枯燥的理论，由浅入深、轻松有趣地表达出来，十分适合喜欢物理的孩子阅读。

　　希望这套物理启蒙漫画书能够让孩子们喜欢上物理，并帮助孩子们在知识的海洋中尽情遨游。

中国工程院院士、电子光学和光电子成像专家
周立伟

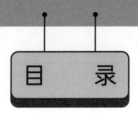

目　　录

到处都有电

电是一种能量，一旦连接了电源，各种电器和电力设备就可以运转起来了。

电可以产生热。比如，人们用电热壶烧水，用电饭锅煮饭。

真香！

冬天，人们可以用电热毯、电暖器来取暖。

电热孵化器可以保持温度恒定。经过一段时间的孵化，小鸡破壳而出啦！

除此之外，人们生活中离不开的电脑、电视和手机，都需要在"有电"的情况下才能运行。

你可能会纳闷，电为什么能有这么大的本事？电线里的电究竟是什么样子的？下面我就来一一告诉你！

毫不夸张地说，是电塑造了我们的现代生活！

爱跑的电子

当两个物体相互摩擦时，如果其中一个物体里的原子核对电子的吸引力相对较弱，它的一些电子就会转移到另一个物体上。

例如，当丝绸跟玻璃棒摩擦时，玻璃棒里的原子核对电子的吸引力更弱，因此，它的电子会跑到丝绸上，这就会让玻璃棒带上正电荷。

当毛皮跟橡胶棒摩擦时，毛皮里的原子核对电子的吸引力更弱，因此，它的电子会跑到橡胶棒上，从而让橡胶棒带上负电荷。

两个物体之间的摩擦造成电子转移，这种现象叫作"摩擦起电"。

生电与放电

气球摩擦头发后，可以吸到墙上，也是因为摩擦起电。

穿毛衣时，毛衣与皮肤之间不断摩擦，很容易产生静电。跟朋友握手时，双方会感到被"电"了一下。

脱衣服时，正电荷和负电荷发生中和，会产生放电现象，因此可以听到噼噼啪啪的声音，在黑暗中甚至还能看到火星。

除了衣服和身体产生的静电，还有一种大规模的摩擦起电现象，这就是——闪电！在云层内部，水滴和冰晶等小颗粒间会相互摩擦，让正电荷聚集在上方的云层中，负电荷聚集在下方的云层中，而地面上也会聚集正电荷。

正电荷与负电荷聚集得越多，之间的吸引力就越强，最终"击穿"空气，从而形成明亮夺目的闪电。

手接触金属门的"触电"和天空中的"闪电"，都属于放电现象，这时电子会快速流动，形成电流。

而无论是轻微的"触电"，还是剧烈的"闪电"，这些电子的流动都是在一瞬间完成的，就像打开水闸放水，水流会快速泄掉一样。

可是，要想让我们身边的电器运转起来，电线中得有持续的电流，这要怎样才能实现呢？

要形成持续的电流，我们需要可以持续提供电能的装置，也就是——电源!

电池就是一种常见的电源。电池的两端分别是正极和负极。

电池

现在，我们把电池、电线、小灯泡和开关组装起来，就构成了一个完整的电路，可以让电子在里面一圈圈持续流动。

让我们进入电路里面看一看。

哇，到处都是电子！就像水道是让水流通的道路一样，电路则是让电荷流通的道路。

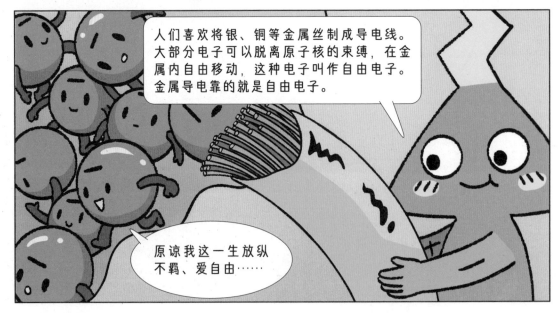

人们喜欢将银、铜等金属丝制成导电线。大部分电子可以脱离原子核的束缚，在金属内自由移动，这种电子叫作自由电子。金属导电靠的就是自由电子。

原谅我这一生放纵不羁、爱自由……

除了各种金属外，石墨、水溶液、生物体和大地也容易导电，容易导电的物体叫导体。

而有些物体中的电子不容易动起来，因此这些物体不容易导电，叫作绝缘体。

比如，木头、陶瓷、玻璃和塑料等物体都是绝缘体。

出不去了！

对于电路来说，绝缘体也很有用处。比如包在金属丝外的绝缘材料可以防止漏电。

让电流动起来

用电器是个"阻碍物"

我们把消耗电能并转化为其他能量的物体称为用电器。

当用电器的两端有电压时，电流就会流过用电器，于是用电器便可以工作起来。比如现在，灯泡发光了。

而用电器也是电子在电路旅程中的一大挑战。我得再去电路里看一看！

用电器虽然是导体，但当电子经过用电器时，会受到用电器中的分子和原子的阻碍。导体对电流的阻碍能力叫作电阻。

前面的路好难走啊！

电阻

电流的大小由谁决定?

闭合开关，可以看到用铜丝的电路中小灯泡更亮，这正是因为电阻小，电流大。

既然电阻越小，电流越大，为什么不去掉用电器，那样我就会畅通无阻……

醒醒！你见过洪水冲垮河道的景象吗？

如果电路中没有用电器，直接将电源两端连接起来，电路中的电流会非常大，会烧坏电源，毁坏线路，这是非常危险的情况！

直接用导线将电源的正负极连接起来会导致短路。

有时，一个电路中有用电器，但依旧是短路的。比如在这条线路中，一根导线将用电器两端连了起来。

相较于用电器，导线的电阻可以忽略，因此，电子都会跑到这条轻松畅通的道路上，从而导致短路。

电路的两种连接方式

前面我们看到的，是电路中只有一个用电器的情况。但实际上，电路中往往会有很多个用电器。那么这些用电器之间是如何连接的呢？

有两种常见的电路连接方式，我们还是以灯泡为例。

一种方式是直接将这些灯泡依次"成串"连到一根导线上，叫作串联。因为只有一条线路，电流便会依次地流过各个小灯泡。

从今往后，咱们就在一根线上了，要"有福同享，有难同当"。

在并联电路中，每个小灯泡都独立"并列"连接到电路中，每个小灯泡共用的线路是干路，单独使用的部分叫支路。干路的电流会分别流向各个支路的小灯泡。

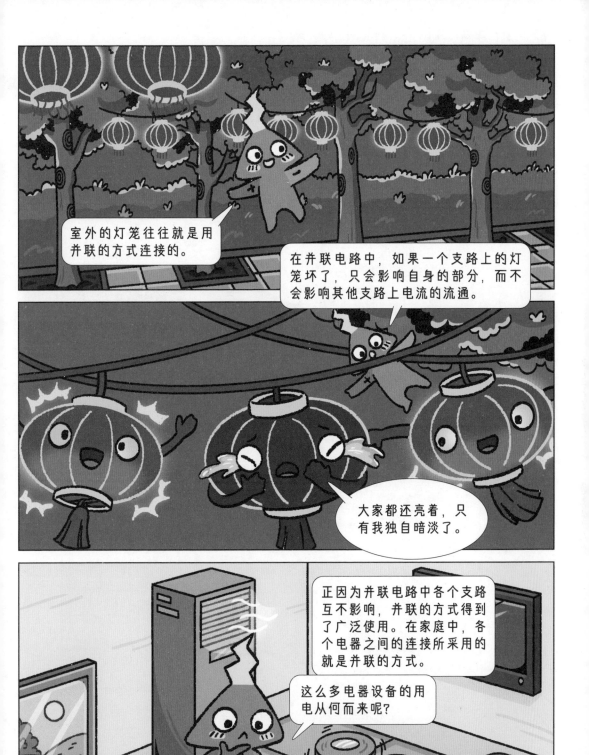

家里的电从哪里来？

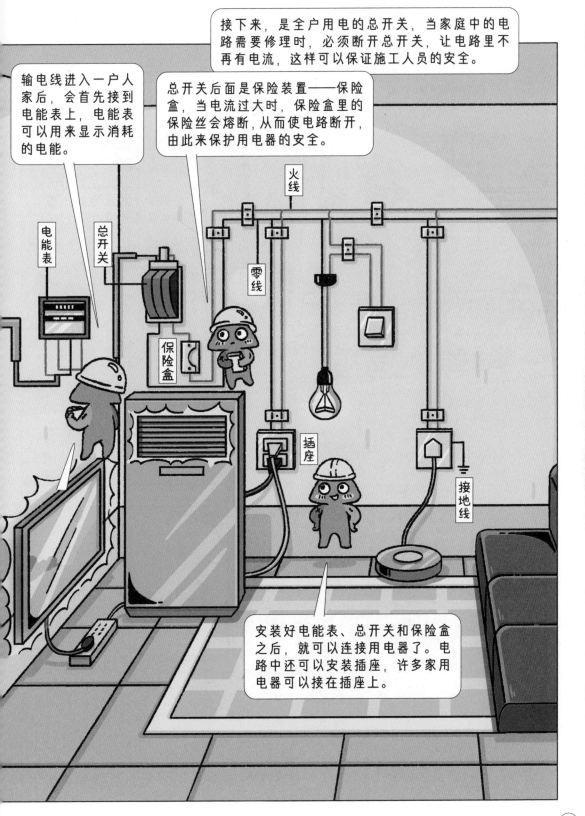

注意安全用电

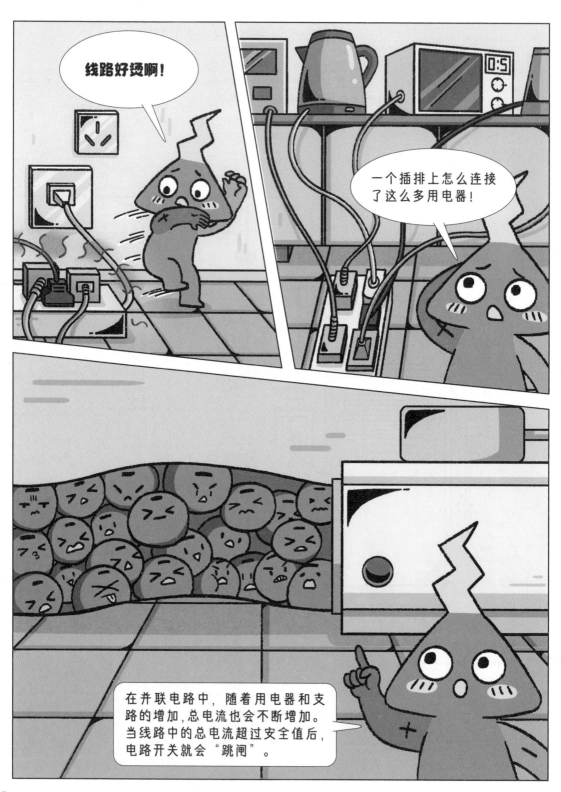

33

为了防止触电事故的发生，在生活中，我们可以这样做……

在更换灯泡、搬运电器设备前，要先断开电源。

水也是导电的，不要让电器设备上沾上水，不用湿手触摸电器，不用湿布擦拭电器。

发现有人触电时，不要直接伸手救人，要及时断开电源开关，并用木头、塑料等绝缘体将触电者与带电的电器分开。

离不开的电

角色卡

·姓 名 电

·年 龄 不确定，但和人类
很早就认识了

甲骨文中有"电"这个字，形似闪电，
说明三千多年前中国古人已经开始
观察闪电现象。在古埃及的书籍中
也曾记载过一种"发电鱼"，应该
是能够放电的鱼类。

·装 备 导线

·普通技能 带电的物体会相互吸引或排斥

·特殊技能 让云层和大地积蓄电荷，形成闪电

·天 赋 驱使电荷定向移动，形成电流

·武 学 变身术

电能够生磁，磁也能够生电。

·关联物品 电源、用电器、电阻

·行动范围 神出鬼没，难以确定范围

创作团队

米莱童书

米莱童书是由国内多位资深童书编辑、插画家组成的原创童书研发平台。旗下作品曾获得 2019 年度"中国好书", 2019、2020 年度"桂冠童书"等荣誉；创作内容多次入选"原动力"中国原创动漫出版扶持计划。作为中国新闻出版业科技与标准重点实验室（跨领域综合方向）授牌的中国青少年科普内容研发与推广基地，米莱童书一贯致力于对传统童书进行内容与形式的升级迭代，开发一流原创童书作品，适应当代中国家庭更高的阅读与学习需求。

策 划 人： 刘润东　　魏　诺

统筹编辑： 秦晓英

原创编辑： 窦文菲　　秦晓英　　张婉月

漫画绘制： Studio Yufo

专业审稿： 北京市赵登禹学校物理教师 张雪娣

装帧设计： 刘雅宁　　张立佳　　辛　洋　　刘浩男　　马司雯　　朱梦笔

图书在版编目（CIP）数据

这就是物理 : 升级版 : 全10册 / 米莱童书著、绘
. -- 北京 : 北京理工大学出版社, 2023.6（2024.12重印）
ISBN 978-7-5763-2374-0

Ⅰ.①这… Ⅱ.①米… Ⅲ.①物理学 – 青少年读物
Ⅳ.①O4–49

中国国家版本馆CIP数据核字(2023)第082201号

出版发行 / 北京理工大学出版社有限责任公司
社　　　址 / 北京市丰台区四合庄路 6 号
邮　　　编 / 100070
电　　　话 / （010）82563891（童书售后服务热线）
经　　　销 / 全国各地新华书店
印　　　刷 / 朗翔印刷（天津）有限公司
开　　　本 / 710毫米 × 1000毫米　1 / 16
印　　　张 / 25
字　　　数 / 600千字
版　　　次 / 2023年6月第1版　2024年12月第12次印刷
定　　　价 / 200.00元（全10册）

责任编辑 / 封　雪
文案编辑 / 封　雪
责任校对 / 刘亚男
责任印制 / 王美丽